建筑水彩表现技法

周宏智 著/绘

（第3版）

清华大学出版社

北京

图书在版编目（CIP）数据

建筑水彩表现技法 / 周宏智著、绘. — 3版. — 北京 : 清华大学出版社, 2020.12（2025.1 重印）
ISBN 978-7-302-56404-1

Ⅰ.①建… Ⅱ.①周… Ⅲ.①建筑画－水彩画－绘画技法－高等学校－教材 Ⅳ.①TU204.112

中国版本图书馆CIP数据核字(2020)第170429号

责任编辑： 刘一琳　王　华
装帧设计： 陈国熙
责任校对： 王淑云
责任印制： 沈　露

出版发行： 清华大学出版社
　　　　　　网　址： https://www.tup.com.cn，https://www.wqxuetang.com
　　　　　　地　址： 北京清华大学学研大厦 A 座　　**邮　编：** 100084
　　　　　　社 总 机： 010-83470000　　　　　　**邮　购：** 010-62786544
　　　　　　投稿与读者服务： 010-62776969，c-service@tup.tsinghua.edu.cn
　　　　　　质量反馈： 010-62772015，zhiliang@tup.tsinghua.edu.cn
印 装 者： 北京博海升彩色印刷有限公司
经　销： 全国新华书店
开　本： 210mm×285mm　　　**印　张：** 8.75　　　**插　页：** 4　　　**字　数：** 378 千字
版　次： 2009 年 9 月第 1 版　　2020 年 12 月第 3 版　　**印　次：** 2025 年 1 月第 6 次印刷
定　价： 72.00 元

产品编号：087108-01

前 言 第3版

在诸多的画种中，水彩画算是一个技术难度较高的画种。建筑学科的绘画教学长期以来都是以水彩画为主，并业已形成了一种传统。

数年前由清华大学出版社出版的《建筑水彩表现技法》一书，是我总结了多年教学经验撰写的一本结合建筑学专业特点的美术教材。经过实践应用，获得了积极的教学效果。

鉴于市场反响，清华大学出版社决定再版这本教材，我也借此机会对教材中的部分内容做了适当的调整。最重要的是配合书中某些章节增加了视频教学。本视频是我与助教周莉桦合作完成的。它的重要性在于起到了即时示范的作用，从而弥补了文字表述的不足。

另外，根据建筑、规划、景观等学科本科生普遍缺少绘画基础训练的客观情况，增加了一些关于素描及色彩基础知识方面的介绍。同时对书中的一些画法步骤图以及示范作品等做了适当调整和删补。

感谢周莉桦助教为本教材的优质视频所做的一切努力和工作！

感谢清华大学出版社刘一琳编辑为本书再版工作所付出的辛勤劳动！

周宏智

2020年10月20日

前 言 第1版

水彩画的艺术特征在于颜料的透明性和水的流动性，也正是由于这种特征，水彩画具有了独特的艺术表现力，同时也增加了很大的绘制难度。

本书通过水彩画基础知识介绍、画法步骤详解、作品分析和作品欣赏等环节，试图给读者在学习和创作实践中提供一些帮助。需要强调的是：任何严肃的艺术创作都离不开基本技法的支持。然而，在艺术创作中，技法本质上都是个人经验的积累，它们仅仅是经验而不是定理。这些经验在创作实践中会显示出某种有效性，但并不具有绝对性。因此，学习者应当更多地阅读和参考各种教科书或画册，从中汲取所需的经验来不断地提高自己的水彩画创作能力。

色彩表现的知识和技法是可以通过训练得到提高并最终被掌握的。有些人对颜色具有一种先天的美感知觉能力，可以说是天分吧。但是，在专业技巧上没有什么天才可言，因为任何技法的熟练掌握都是实践的结果。如果你想尽快提高水彩画的创作能力，

最有效的方法就是多画、多思考。

美术教师的职责主要体现在两个方面：首先是通过美术教育提高学生对于形式美的理解和认识；其次就是教授给学生一些专业知识和技巧。我在清华大学建筑学院任教多年，我的教学对象在绘画方面大多数是初学者，要想让学生们尽快地掌握水彩画的相关知识、尽快地熟悉具体的绘画技巧，最好的方法是教师的讲解与实际示范相结合。绘画是视觉艺术，如果教师的讲授只停留在理论层面上是不够的，只有把所讲授的知识通过示范表现为实际的色彩效果，学生才能够实实在在地看到、学到，从而有所收获。

本书是在总结实践教学中的一些经验基础上编撰而成的，所有图例和水彩画都是本人的作品。我试图通过这些作品，尽可能准确地表达和详细地描述它们的创作过程，从而为初学水彩画的读者提供一些有益的帮助，以及一些切实的个人经验与创作体会。

周宏智

2009年5月10日

目　录

1

水彩画基础

画材建议

1.1 工具材料

◎ 画笔

画水彩画离不开画笔、画纸、颜料等主要工具和材料，其中画笔是最重要的。也许画纸和颜料的质量并不需要很高，但是一定要尽可能选择上好的水彩画笔。要画出得心应手的笔触，只能依靠质量优良的画笔。通常，水彩画笔有平头和圆头两种类型，实际应用中会产生不同形式的笔触效果。选择什么类型的画笔与画家的风格、爱好以及创作习惯有关。在实践中，多数情况下是根据需要混着使用的。

初学者必备的画笔包括：一把3.5~4cm宽的羊毛板刷，一只大号或中号的平头画笔，大、中、小号圆头画笔各一只。

以上介绍了初学者必备的几种画笔，然而水彩笔的质量等级差别很大，普通画笔价格便宜，适合学生和初学者使用，高质量的画笔价格较为昂贵，通常会受到专业画家们的青睐。这些高档画笔多是国外进口产品。右下图中所示，就是一种典型的水彩画专用笔，俗称"拖把画笔"。国内市场常见的有法国、英国、德国等生产的各种品牌的水彩画专用笔。这些笔多是用松鼠毛制作的，松鼠毛软硬适度，比较适合涂染色块，但不太适合画线。笔锋细长的貂毛笔更适合画线，最昂贵的画笔应该是用貂毛制作的。这些高档的画笔在国内比较专业的美术画材商店均有销售，也可以在互联网上购得。

◎ 画纸

画水彩画一定要使用专门的水彩画纸，其他纸张无法替代。品质较好的水彩画纸多为手工制作，价格很昂贵。初学者使用一般的冷压水彩纸就可以。我比较喜欢用300g/m²的水彩画纸，这种纸比较厚而且表面颗粒很粗，适合画风景画。本书中大部分图例及水彩作品都是用这种纸画的。

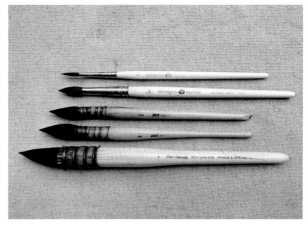

质量更好、更专业的水彩纸多为进口品牌，国内画材市场上常见的有：法国康颂ARCHES（阿诗）水彩纸、英国SAUNDERS WATERFORD（山度士霍多夫）水彩纸、英国WINSOR&NEWTON（温莎牛顿）水彩纸等。

画幅尺度的大小对于初学者来说也很重要，一般不要大于40cm×50cm。职业画家会创作一些超大型或超小型的作品，那只是艺术家的个人风格或创作追求，初学者无须效仿。专业水彩本使用起来非常方便，最大的便利之处就是作画时可以免去裱纸环节。这种水彩本周边是用胶水固封的，作画时画面不至于因遇水而褶皱，干燥后纸面会非常平整。外出写生时更能体现出水彩本的便捷优势。这种水彩本在国内的专业画材商店也有销售，且有多种尺寸规格供选择。

水彩颜料

水彩颜料品牌繁多，有管装颜料和固体颜料两种。固体颜料便于携带，比较适合外出写生时使用。平日更多使用的还是管装颜料。目前国内市场上常见的品牌有两种：天津柯雅美术材料公司生产的"温莎牛顿"牌水彩颜料；上海马利画材公司的"马利牌"水彩颜料。两种颜料都可供选择。实际创作中，每个画家都有自己的习惯用色，例如，有人喜欢使用朱红色或大红色，而很少使用或根本不用玫瑰红色。因此，最经济的办法是不要买套装的颜料，可以根据自己的习惯用色，选购单支的管装颜料。

水彩颜料的质量等级大致分为学生级和专家级，或称学院级、艺术家级等。总之，不同品质水彩颜料的质量差别很大，相应的价格差距也很大。目前国内市场常见的高级水彩颜料种类不少。以下介绍几种我自己常用的专业级水彩颜料品牌：

● 英国WINSOR&NEWTON（温莎牛顿）管装（原装进口）5mL大师级；

● 日本HOLBEIN（荷尔拜因）管装（原装进口）5mL大师级；

● 德国SCHMINCKE（史明克）12色固体水彩颜料（原装进口）学院级。

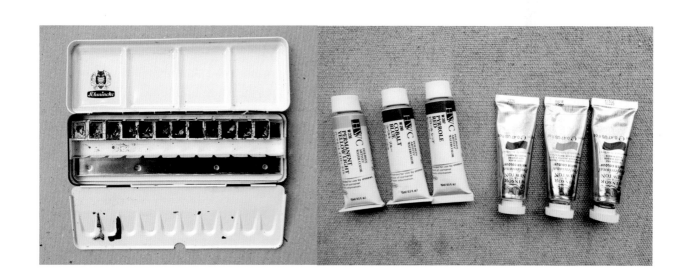

专业级水彩颜料具有色相种类丰富、质感细腻光润等特征。由于这些颜料的加工制造过程具有选材优质、工艺精湛等特点，所以在色彩亮度、透明度与不透明度、着色力、耐晒牢度等指标方面远胜于普及型的水彩颜料。在价格上它们也比普通颜料要昂贵许多，以温莎牛顿管装颜料为例：该颜料分为4个系列等级，由于制作颜料的材料成本不同，每个系列有其相应的价格。每支管装颜料（5mL）在国内市场的价格少则数十元人民币，多则过百元。鉴于以上颜料所具有的色彩表现力以及牢固度等优点，更多地受到专业艺术家及水彩画收藏者的青睐，作为初学者或在校学生使用普通水彩颜料即可。

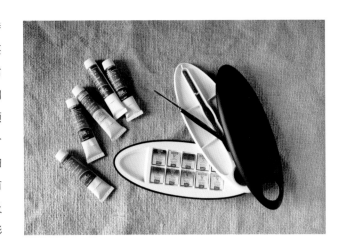

○ 调色盘

在美术用品商店可以买到水彩画专用调色盘，也可以根据需要选择各种器具做调色盘。这些器具或许比专门的调色盘更实用，比如塑料餐盘、磁盘、平底塑料盘等。只有一个前提，那就是它们一定是白色的。实践中，塑料餐盘比较理想，因为它有很多分格，可以分别用来调和不同的色调。

○ 其他辅助工具

其他的辅助工具包括：涮笔罐、喷雾瓶、海绵、纸巾等。其中，喷雾瓶可以用来给过于干燥的画面加湿。在很干燥的室内或室外环境中作画时，画面干得很快，这种情况不利于水彩颜料的融合。此时可以用喷雾瓶给整个画面加湿再继续画。

海绵和纸巾可以用来擦拭或修改画面。可以将海绵浸湿，轻轻地擦去画面上不理想的颜色，这样能在修改画面的同时避免破坏画纸的表面；也可以使用纸巾随时将画错的颜色吸去，然后再重新着色。

1.2 作画前的准备

○调色盒上的色彩排列

调色盒上的色彩排列基本上应该以暖色系与冷色系分开为原则。常用颜色大致是：红、黄、蓝、褐等四种色相系列。调色盒中常备色彩应该包括以下几种：深红、大红、朱红、土黄、中黄、柠檬黄、普蓝、群青、湖蓝、深绿、浅绿、凡戴克棕、熟褐、熟赭、培恩灰等。每次工作结束后，要用清水或喷雾瓶将颜料浸湿并盖好盒盖，然后用塑料袋将其包裹好。这样可以避免颜料干燥，为下一次使用提供方便。

○裱纸的方法

为了使画纸在绘画过程中和绘制完成后保持平整，最好预先把水彩纸裱在画板上。方法是：将画纸直接放在灌满清水的水盆或浴缸中浸湿，或者用比较宽的羊毛板刷蘸清水均匀地涂在画纸的两面，然后把浸湿的画纸展平放在画板上。最后用水溶胶带将画纸的四边粘牢，待其自然干燥。

1.3 素描基础和练习方法

一般来说，素描应该是学习水彩画的先修课程。不过没有素描基础也没关系，初学者完全可以将学习水彩画和练习素描同时进行。

素描基础和练习方法

○ 训练方法一

用一支铅笔或钢笔、签字笔，在纸上进行线描练习。所谓"线描"就是用单纯的线条去描绘所见到的物体。可以画身边的任何东西，从简单的开始，例如手机、杯子、钥匙等，逐渐增加难度画一些形式更加复杂的物体，例如桌椅、自行车、房子等。

其实基础训练阶段还提不到所谓"艺术"的高度，目的很简单，就是学会把对象画的比例恰当、造型准确。要达到这个目的唯一的方法就是多画多练，别无捷径。

这是一个零基础的同学画的宿舍的场景。

用一组静物做练习。建议大家用钢笔或签字笔来画，目的就是不能用橡皮涂改，以训练线条的肯定和果断。

这是同学们画的一些简单的日常用品。

用纯粹的单线来练习，强调线条流畅，一笔到位。

素描零基础的同学经过一个学期的训练，进步都很大，造型能力也不断提高，但是一定要坚持不断地练习。

如果有画错的线，不要涂改，重新再画一条相对准确的就可以了。

练习到什么程度？

练习到能够熟练地把握对象的造型，准确地描绘出物体的形状、比例和结构。之后就可以进一步训练光影关系。

画多少才能达到熟练的程度呢？

前面讲过了，基础训练就是一个"熟能生巧"的过程，所以要多画，不间断地画。准备一些纸每天画、随时画，100张、500张……当你画到一定的熟练程度，你自己就会发现造型能力已经提升。

训练方法二

画光影关系。

说到光影素描，初学者可能首先会想到美术学院式的素描风格。其实完全不必将一个简单的事物想的那样复杂，也没必要画得那样真实细腻。一件三维物体在较单一的光源照射下，会呈现出受光面与背光面两大部分。我们画的这个罐子，光从左侧打过来，所以左侧是亮面，右侧是暗面，上半部分是亮的，下半部分是暗的。

用立方体来分析一下：

光源在左上方，右侧是暗面，左侧的亮面。由于物体与光源形成的角度与距离的变化又使亮面出现了微妙的明暗差别，因此在物体表面就形成了黑、白、灰3个基本色调。

其中有一个重要的概念："明暗交界线"，顾名思义，这条线位于亮面与暗面的交界处，它会形成一个比较暗的区域。

另一个不可忽视的概念是"反光"。这是环境光对物体暗面发生影响所产生的微弱变化，也就是说物体的背光面往往不是一块没有变化的暗颜色，它会由于环境光的影响而产生明暗变化，变化大小取决于环境光的强弱。

圆球体也是同样的道理。

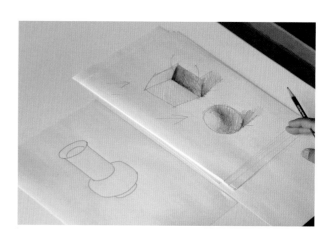

总结：背光面是暗的，受光面是亮的，在背光面和受光面的交界处有明暗交界线，明暗交界线这个区域在视觉上看是最暗的，暗部会有一些环境光造成的微弱反光。这些原理是基础，在我们具体绘画的时候就得进行更深入的分析。

用以上静物线描来进行素描光影练习。

　　先分析物体的结构和明暗关系。然后根据受光面与背光面的变化涂色调。注意黑、白、灰的色调分布，要强调明暗交界线，同时要注意暗部由于反光所造成的明暗变化。

1.4 色彩基础知识

结合水彩颜料在调色盒里的排列，介绍一些关于色彩方面的基础知识。

色彩基础知识

◎ 调色盘里如何排列颜色？

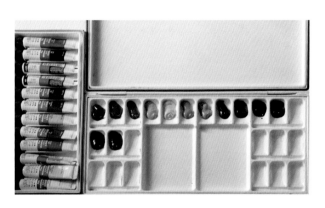

调色盒里的色彩排列应大致遵循暖色与暖色相邻，冷色与冷色相邻。

如图所示：深红、大红、朱红；接下去是中黄、柠檬黄、土黄；再往下，浅绿、翠绿；然后过渡到蓝色系、钴蓝、群青、普兰。另外再加上一些褐色系，例如：熟褐、凡戴棕。

可以准备一管黑色和一管白色，因黑白两色在绘画中很少使用，所以不放进调色盒里也可以。

以上只是一个基本常识，调色盒中具体放哪一种颜色，完全要根据每个人的用色习惯来决定，但冷暖颜色分别相邻排列是一个原则。

◎ 色彩的基础知识

三原色

三原色：红颜色、黄颜色、蓝颜色。
所谓三原色，就是这3种颜色不能再还原了。

这3种原色混合的情况下，就会出现各种各样的色相变化。

间色

红色与黄色调和，是橙色。
黄色与蓝色调和，是绿色。
红色与蓝色调和，是紫色。

橙色、绿色、紫色叫作间色。

复色

3种以上颜色的调和是复色。比如：红、黄、蓝3色调和就是复色。

色彩的三要素

所谓三要素，就是色彩的3个基本属性，分别是色相、明度、纯度。

1. 色相——指色彩的相貌。即红、黄、蓝、绿、橙、紫……它也是区分色彩的主要要素。

2. 明度——指色彩的明暗程度。

3. 纯度——指色彩的鲜浊的程度。原色纯度比较高，颜色调和的遍数越多、混合的颜色种类越多，纯度就越低。

静物写生练习

　　静物写生对于初学者来说是一种比较合适的题材，原因有两个：其一，相对于人物和风景来说，静物的形态较为简单，色彩也比较明确。尤其像果蔬等题材，固有色鲜明，容易观察和把握。还有一些器皿，如陶罐、花瓶等，多为人工制品，色彩也比较单纯、明快，而且造型基本上都具有一定的几何基础，易于掌握；其二，进行静物写生时，一般来说环境都比较稳定。通常静物写生都在室内完成，这样可以保证光源比较稳定。物体本身又是静态的，因此有利于创作者从容地观察、分析和描绘对象。

2.1　果蔬

　　水果和蔬菜的色彩比较鲜明，形态也不复杂，是一种适合初学者进行写生练习的题材。写生时需要注意以下几个问题：首先，不要因为果蔬的色彩比较鲜明就过度使用纯色，要仔细观察它们自身的纯度变化。其次，笔触要尽量简练概括，要有塑造感，就像画素描所强调的那样："宁方勿圆"。另外，有些果蔬的形态比较特殊，例如葡萄、菜蔬叶子等，这些内容相对难画一些，在以下的步骤图中将对这些形态作具体分析。

水果写生

○ 示例一

步骤一

用 HB 铅笔画素描稿，首先要合理安排构图。在确定物体形体轮廓时不必画出过多的细节，但是要准确画出果品的形态特征。在这里特别请读者注意葡萄的画法，首先要画出一串葡萄的基本外形，然后简单地勾画出其中比较凸显的颗粒，决不能试图将所有看到的细节都画出来。

步骤二

初学者最常问的问题是：一幅画在着色时应该先从什么地方开始呢？实际上，一幅水彩画并没有一种规定的着色顺序，从实践角度来看从任何一部分开始画都是可以的。但是由于水彩画颜料具有透明性的特点，因此较亮的色彩就无法覆盖较暗的色彩。鉴于此，多数情况下还是先画亮颜色后再画暗颜色更好一些。因为即使亮颜色画出了轮廓线仍可以在后续的进程中用暗颜色去覆盖。

步骤三

在这幅图中读者要特别注意葡萄的画法，首先用含水量比较多的颜色画出整体的色彩形态，此时还应注意颜色的整体性变化，开始阶段万不可从描绘个别的葡萄颗粒入手。在画葡萄时，使用了大红、深黄和群青等颜色调和。调色时不要将颜料在调色盒内调和得过于均匀，让不均匀的色彩通过水的流动在画面中达到融和，这样的效果比较生动。

步骤四

在画背景颜色之前可以先用画笔蘸上清水将背景部分的画纸洇湿，使随后涂上去的颜色呈现湿润含蓄的效果，因为过于清晰的笔触不利于表现空间消退的效果。背景画好之后，可以进一步地刻画水果。如果说在第二个和第三个步骤中，只是给水果涂上了一个基础色调，那么现在要进一步地描绘水果的结构了。在这里用大红、朱红和黄色调和在一起画苹果，特别要提醒的是：为了避免色彩过于偏暖和单调，可以在其中加入少量的冷色，如群青或钴蓝等。要有重点地刻画一些葡萄上的颗粒，原则是将那些看上去比较凸显和清晰的颗粒重点描绘，次要部分应尽量含蓄概括。

步骤五

最后的步骤是将物体的结构效果进一步深入和具体化。一幅水彩画不能多次重复地画。我的经验是：第一步，画整体色调关系，在这个步骤中要尽量完整而准确地把握画面的整体色调。第二步，对整体色调进行适当的调整，同时画出物体的基本结构效果。第三步，应对画面中的主要形象或主题部分进行比较具体深入的结构表现。至此，全部的过程就结束了。如果说在这些过程中有什么重点提示的话，我的经验是：先整体后局部，先湿画后干画。整个过程尽量不要超过三遍。

○示例二

在这个练习中我们将一串葡萄做一个具体的画法分析。

步骤一

葡萄属于一种特殊的结构类型，它是由诸多的局部颗粒构成一个团块状的整体。先用铅笔起稿，画出整串葡萄的基本外形，然后简单地勾画出其中比较凸显的颗粒就可以了，一定不能试图将所有看到的细节都画出来。

步骤二

在这个画面里最亮的部分是衬布，所以可以从背景画起。

在画衬布颜色之前可以先用画笔蘸上清水将画纸刷湿，使随后涂上去的颜色呈现湿润含蓄的效果，因为过于清晰的笔触不利于表现空间消退的效果。画衬布的时候，颜色无意当中进入了葡萄的范围。没关系，随后可以用较暗的葡萄颜色把它覆盖上。

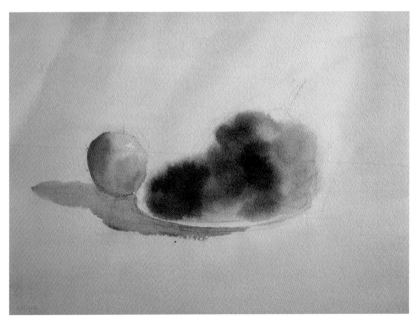

步骤三

首先用含水量比较多的颜色画出整体的色彩形态，这时注意颜色的整体性变化。开始阶段千万不可从描绘个别的葡萄颗粒入手。

调色时不要将颜料在调色盒内调和得过于均匀，让不均匀的色彩通过水的流动在画面中达到融合，这样的效果比较生动。

步骤四

整体的色彩及明暗关系画完后，开始描绘
局部的颗粒。重点是刻画那些看上去较为
清晰的颗粒，要层层深入整体描绘，不要
试图将某个局部一次画尽。比较重要的葡
萄颗粒可以留一点高光。

苹果的背光面与桌面阴影连接部分不要留
下清晰的轮廓。为了避免阴影的色彩过于
单调，需要在第一遍颜色还很湿的时候加
进一些暖色，使色彩自然融合，这样阴影
里就会产生适当的色彩变化。

步骤五

最后深入刻画一下细节。加强细节的描绘，目的是让层次更丰富，效果更真实。如有必要，
可以在个别的葡萄颗粒上用白颜色点一下高光。一定要注意，不要因为强调细节而破坏了
整体关系，即所谓"谨毛而失貌"。

大体上说，绘画过程可以概括为三步：第一步塑造整体关系，此时不要顾及过多的细节；
第二步进行整体深入；第三步刻画细节。

步骤一

首先用含水量较大的颜色画第一遍，色彩要湿且薄，切不可将颜色涂抹得太厚。其中要注意把握色彩的整体变化。蔬菜的叶子部分是用钴蓝、中黄和少量的熟赭调和的。紫色调的茄子使用了群青、普蓝和朱红等色彩。在这幅水彩画中，蔬菜的叶子是比较难把握的部分。开始画叶子时不要过多地顾及细节，只需注意大体上的色彩变化和基本轮廓就可以了。

建筑水彩表现技法

16

步骤二

画背景之前，先用大号画笔蘸清水将背景全部涂湿，然后趁画纸还很湿润的时候用大号画笔涂上所需色彩。然后用较深一些的绿色在叶子上画第二遍颜色，仍然用钴蓝、普蓝及中黄等色彩调和。在叶子上画第二遍颜色时要小心留出叶脉的形状。

步骤三

这一步的工作是深入表现蔬菜的色彩及结构。用很浓重的深紫色画茄子上的暗色调，同时要注意表现茄子右侧的绿色反光，那是受到旁边的绿色蔬菜影响而形成的。茄子上最暗的颜色是用群青、普蓝和红色调和的，右侧反光部分加入少量的黄色以使其产生绿色调。画面前方的红萝卜是用朱红、大红和中黄等颜色调和的，在高光部分加入了少许的群青色，以使高光的色彩感觉偏冷一些。

步骤四

最后阶段,要进行色彩和结构细节的局部描绘和整体调整。根据先整体后局部的描绘原则,
实际上越到最后落笔的范围和笔触越小。这里只是用较暗的色彩将菜叶的阴影部分以及
茄子和红萝卜的表面细节稍加强调,同时为了体现物体的空间感和光感而强化了阴影的
效果。

2.2 陶罐

　　陶罐及各类家庭常用器皿是画家喜欢的静物题材，也比较适合初学者进行写生练习。这类静物在形态上的共同特点是：具有一定的几何基础，对于研究物体的基本造型、结构及色彩关系有较大帮助。

陶罐写生

○ 示例一

步骤一

铅笔稿起完后，大致检查一下，看看有没有比例不对的地方。如果没什么大问题，下一步就开始画颜色。

步骤二

着色之前先用大号画笔蘸清水将画纸涂湿，然后开始上色。在这组静物中衬布是比较亮的颜色，所以先从衬布开始画。注意衬布的微妙色彩变化，由于光源的影响，右侧略暖一些，左侧偏冷一些。

步骤三

因为陶罐的下半部分颜色浅一些，所以可
以从这里开始画，然后用比较浓且暗的颜
色画上半部分。注意色彩变化，不能使颜
色过于单调。第一遍涂色时不要顾及细
节，要留出高光。

青椒的颜色纯度很高，不要把颜色调灰。

步骤四

在第一遍颜色未干时开始第二遍着色。画
陶罐的上半部分时颜色要很暗且浓，如果
颜色太湿可以用一张备好的纸巾把笔上的
水分吸去一些，然后再落笔。由于第一遍
颜色未干，如果第二遍颜色太湿就会流动
扩散开来，无法准确地把握笔触和造型。

步骤五

深入刻画青椒的暗部，进一步丰富色彩层次变化。可以用白颜色点画一些高光。

如果背景部分需要调整或增加一些色彩变化，切记要在已经干燥的纸面上先涂上一些清水

再涂颜色，否则就会留下很突兀、尖锐的笔触。

○示例二

步骤一

铅笔稿画好后，用宽板刷蘸土黄色将画面全部涂满，相当于一种底色，只有左前方的白色瓷杯留出白色。注意色彩要湿且薄。

步骤二

在底色仍旧湿润时开始画背景颜色。此时不必顾及器物的轮廓线，甚至可以利用背景颜色直接画出器物的暗面，以示意出简单的素描关系。当然，这样的处理方法只适合于背景色调比器物颜色亮的画面构图。

步骤三

在前一步骤的颜色未干时，开始塑造陶罐的形体。画陶罐的暗面时要连同它的阴影一起画。作为形体塑造的第一步，颜色决不能太浓或者太干。色彩的明度要适当，为接下来的深入描绘留有余地。中间那个彩陶罐的色彩是用熟赭、土黄、群青等颜色调和的。背光部分的色彩暗且暖，熟赭和土黄的成分较多。受光面色彩明度高且偏冷，群青的成分多一些。

步骤四

进一步描绘陶罐的形体，画彩陶时所使用的颜色完全与前面所用过的色彩一样，沿着明暗交界线继续塑造器物的形体关系。右前方的陶罐颜色，是用普蓝、熟褐以及少量的深绿调和的。与中间的彩陶罐不同的是，这个罐子表面涂有黑色的瓷釉，因此显得十分明亮，通过高光和反光的表现可以突出明亮的材料质感。

步骤五

彩陶上的图案纹样一定要最后画，而且要注意纹样的虚实变化。通常，处于受光面和明暗交界线附近的纹样，比较清晰明确。而处于背光面和器物边缘部分的纹样一定要含蓄。最后，将所有需要进一步深入完善的细节部分描绘一遍。

2.3 玻璃器皿

玻璃器皿有别于其他材质的器物，主要是由于玻璃的透明特性使完整的体积感不复存在了。同时，由于光和色彩的折射使其表面色彩变化更趋复杂了。

步骤一

首先用宽板刷蘸清水将画面涂湿，只留下玻璃盘中的水果部分，其他地方全部用清水涂湿。然后从背景部分开始画颜色。注意，画背景颜色时要连同玻璃盘一起画，道理很简单，因为玻璃盘是透明的，它的色调来自背景色彩。要小心地留出玻璃器皿上的高光。

步骤二

在第一遍颜色未完全干时开始着手画背景、器皿以及水果的色彩。这幅画中的背景颜色是由群青、熟赭和少量朱红调和的。注意，调色时不要将颜料在调色盘中调和得过于均匀，让不均匀的色彩通过水的流动自行在画面上变化融合最好。

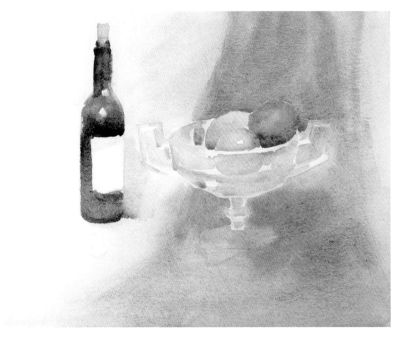

步骤三

这一步主要是深入刻画器物的色彩和结构变化。初学者经常感到画暗颜色是一个比较困难的事，总觉得在需要画暗颜色时，却暗不下去。构图中那个瓶子的色彩就很暗，是用熟褐加上普蓝调出的暗绿色。

步骤四

将构图中的主要内容进一步具体化，这里着重刻画了水果的色彩和形体变化，同时在认真观察的基础上，精心地描绘玻璃盘的结构和色彩。由于玻璃材质具有光滑坚硬的特征，因此在描绘玻璃材质时笔触要肯定、果断到位，不能犹豫且绵软无力。

步骤五

最后进行全面的调整，除了小范围的地方需要精心刻画，绝不能大面积地重复或覆盖已
有的颜色。用熟褐加普蓝所形成的暗绿色果断地画出深色玻璃瓶上最暗的部分，以强化
其质感和体积感。最后，用小号画笔画出桌面上的果粒及其他必要的细节，如玻璃瓶上
的商标等。

2.4 石膏静物

选择一组白色的物体进行色彩写生练习是很有必要的。在特定的光线和色彩环境下，物体的空间位置、方向变化、受光与背光、环境色彩等因素不同，势必会呈现出不同的色彩效果。由于物体本身是白色的，所以其色彩变化主要是环境色的影响所造成的。

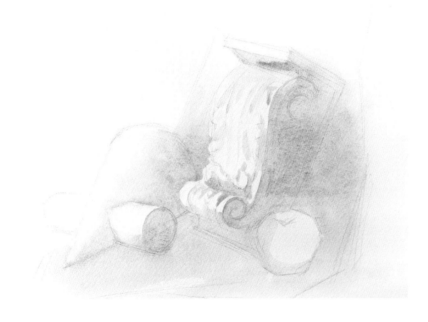

步骤一

首先用比较湿的颜色画出石膏模型的明暗变化关系，目的是凸显石膏模型的形体效果。在着色时，一定要随时想到色彩的变化。请读者注意石膏模型的暗面颜色，既有冷色又有暖色，这种冷暖交融的细微变化产生了生动的光感和空间感。一条线或一个面，色彩的变化是绝对的，变化的大小是相对的。这里的色彩是用群青、朱红、中黄等颜色调和的。

步骤二

选用大号画笔，蘸清水先将背景部分涂湿。然后，一定要在画面还比较湿润时开始画背景的色彩。背景颜色是用群青、湖蓝、熟赭等颜色调和的。

步骤三

完成前面两个步骤以后，画面上的基本形
体和空间关系已经确定了。接下来，要进
一步描绘和确定物体的结构细节以及背景
中的形象。在这个步骤中，还是要尽量做
到湿画、湿接。一定要注意，即使是很小
的色彩面积，也要画出颜色的变化。例
如，石膏模型上的雕刻花纹，虽然线条很
细，色彩面积很小，照样包含明显的色彩
变化。只有这样，才能生动地表现出光与
空间的效果。

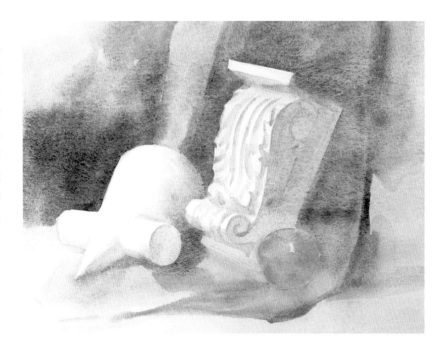

步骤四

进一步描绘细节，尤其是强调和加深阴影
部分的颜色。一定要记住，任何情况下阴
影都不能画成单一的颜色，无论阴影的色
彩深或浅，必须要有色彩变化。这种变化
通常是一种冷暖和明暗的变化。

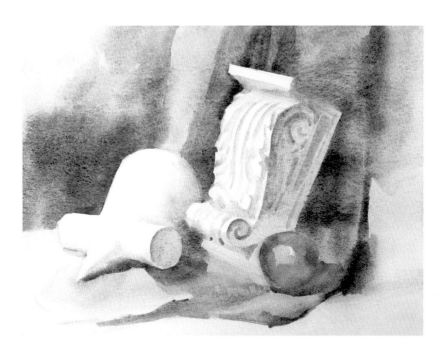

步骤五

最后一步往往是强调画面中最暗的部分，如形体结构上的明暗交界线、阴影中最深的色
彩以及需要突出的结构细节。但是，画面最后的调整和补充一定是色彩面积很小的部
分，绝不可以用大面积的色彩去覆盖或修改画面。

2.5 织物

织物的结构变化是比较复杂的，初学者面对织物表面复杂的褶皱往往是一筹莫展，所以这里特别对织物的表现技巧、画法步骤及描绘过程中需要注意的问题加以介绍。

步骤一

构图前景是一块浅色的衬布，背景是一块较暗的红色衬布，最好从较浅的色调画起。首先要仔细观察和分析衬布的整体变化关系，包括明暗变化和色彩变化。初学者易犯的错误就是在复杂的褶皱形态的干扰下，只顾表现局部结构变化而忽略了衬布前后左右的整体色彩变化。仔细观察这幅画，桌面上的衬布虽然整体看来是比较亮的，但最亮的部分还在前面，随着空间向后推移，其色调微微变暗。不管表面褶皱多么复杂，这种整体变化一定要保持。先用大号画笔使用含水量较多的色彩大面积涂染，不要拘泥于任何结构细节，只需将主要的结构关系确定下来即可。要记住在整个过程中应趁画面湿润时着色。

步骤二

当前一步骤所涂色彩尚未干时，开始在衬布上画第二遍颜色。可以着重表现褶皱的暗面。在画面较湿的情况下画第二遍，是为了保证笔触边缘的含蓄，如果笔触过于清晰明确则会造成呆板生硬的效果，那样，就无法体现织物柔和的质感和微妙的变化。在色彩应用上要考虑明暗关系中补色的效果。在这幅画中衬布的受光部分，色彩基本是偏冷的，因此在其背光部分应考虑使用一些偏暖的颜色。

步骤三

开始画后面的红色衬布时要先用大号画笔以含水较多的色彩来画。注意：在此过程中色彩要适当变化，红色衬布左侧偏冷右侧稍稍偏暖。在第一步颜色未干时，及时用较深的红色大略地画出褶皱。记住，一定要在第一步颜色未干时画，这点很重要，它几乎可以决定整个衬布效果的成败。

步骤四

在上一步颜色仍然湿润时开始刻画布褶，用更深一点的红色画最后一遍。这里最深的红色是用深红加少量熟褐或凡戴克棕调和的。一般来说，布褶凹陷下去的部分总是比较暗的，最暗的部分面积较小要最后画。如果仔细观察就会发现形成褶皱的色块边缘变化很微妙，最重要的是观察边缘的虚实变化。在明确的地方可以保留清晰的边缘，在比较含蓄的地方最好用蘸了清水的笔在刚刚画过的笔触边缘轻扫一下，使其变得含蓄，这样做可以在效果上更接近织物的质感。

步骤五

最后，对画面进行整体的调整。有一点需要提醒，任何时候都不要试图将所有能够看到
的褶皱都精心地画上。应当突出地描绘几个或几组主要的布褶就可以。在对衬布进行必
要的局部补充后，即可将构图中所包含的背景部分和处于构图中心的小陶罐画完。画面
左上角部分使用了群青、深绿、熟赭等颜色，右侧背景最暗的部分使用了靛蓝、深绿、
深红等颜色。

2.6 花卉

　　花卉的形态比一般器物的形态要复杂一些。我们很难在一束花中找到明确清晰的外部轮廓，同时也很难确定一束花内部的丰富形态。它是一种多变而松散的形态，需要仔细观察和正确地概括才能获得既生动又真实的艺术效果。

步骤一

首先要注意的是，起稿时千万不要试图将所见到的花朵和枝叶无遗漏地全都画出来，只需将构图中位置重要的花朵或枝叶细节确定下来就可以。同时要概括地画出花束的整体外部轮廓。这点很重要，因为花束的整体形态往往体现出某种动态特性。

步骤二

在具体着色之前，先要将画面用清水全部涂湿，这一步很重要不可或缺。然后，一定要在纸面还湿润的情况下开始涂颜色。之所以要在湿润的纸面上涂颜色，是为了让色彩润开，产生一种模糊朦胧的效果，为进一步深入表现留有余地。当然，对于那些必须保持清晰的形状一定要准确清晰地画出来。画面中的紫色是用深红、群青和湖蓝等颜色调和的。最暗的色彩是用普蓝加熟褐或凡戴克棕调和的。

步骤三

在前面步骤基础上开始深入表现花朵和枝叶的细节，在刻画细节时要掌握整体的形式印象，不要刻意而呆板地描绘每一个细小的环节。既要参照对象，又不能完全复制对象，这就需要逐步练习并且学会高度概括和提炼形象的能力。画背景颜色之前，还是要先将画纸涂湿，然后再涂颜色。注意利用背景色彩的灰色调"挤"出花束边缘部分的白色花朵，形成生动的外部轮廓。

步骤四

深入刻画细节，包括花蕊、花瓣、细枝等，要非常谨慎地画，这时最容易出现的问题就是把颜色画厚了。所谓厚，是指物理意义上的厚度。水彩画的艺术特征之一就是轻快透明，一旦颜色画厚了，看上去就会显得干枯滞涩，而且不易修改。

步骤五

在保持整体效果不被琐碎细节破坏的前提下，谨慎地处理好局部形象和色彩。深入刻画的目的是让花束看起来更丰富、更具深度感。画面上的色点是最后处理上去的，用手握着蘸好颜色的画笔并将笔头部分挨近画面，然后用手指轻轻地弹毛笔的前端，使色彩洒落在纸面上形成不规则的色斑。

3 树木写生练习

当进行风景写生时，你或许会发现，树木是一种"很难对付"的题材。比起在室内画静物来说困难要大许多。两方面的原因增加了树木的表现难度。首先，树木的形态、结构、轮廓以及层次关系等都不是很明确。其次，树木的色彩也是复杂多变的。不同种类的树、不同季节里的树、不同空间距离中的树，它们在色调上均会产生复杂的变化。多数情况下，树木看上去就是简单的绿色，其实绿色是一种最丰富的色彩，从黄绿到蓝绿之间有着无数层级的变化。通常，颜料盒内现成的绿色哪个也不能直接用来画树。只有通过两种到三种色彩的适当调和才能获得比较生动的绿色调。

3.1 春

春季是万物复苏的时节，或许在大自然中花木最能传达春天的气息，正所谓"律回岁晚冰霜少，春到人间草木知"。早春时节，树木抽芽生出新枝嫩叶，淡淡的绿色带来无限生机。在这个季节里，树叶的色彩多倾向于淡绿色，明快而鲜亮，写生时宜以黄绿色调为主。还应注意到：早春时节枝叶清新但并不茂盛，树叶的密集度小、体积感不强，比较疏淡明澈。但越是松弛的形态，就越是不易观察和表现，因此在描绘春天的树木时，一要注意用色明快，二要注意点染的规律和技巧。

步骤一

首先用铅笔起稿，起稿时只需画出树干基本形态和叶子大致轮廓即可，无须描绘树木的细节。铅笔稿画完后，在天空部分薄涂一层淡淡的土黄色，色彩的含水量要多。在涂满土黄色的天空部分，局部可以加上一些很浅的朱红色，如本图的右上角部分。

步骤二

稍待一会儿，当上一步骤的色彩仍保持湿润时，使用大号的圆头画笔蘸少量的群青色，部分地涂抹在天空上。然后，用群青加朱红和少量的中黄，画出左侧远景上的树木。同时用天蓝色加淡黄色混合成的绿色调涂于树林的区域。

步骤三

仍然使用大号画笔表现画面前景的草地和灌木，这部分的颜色是用大蓝、中黄和熟赭调和的。熟赭的作用是增加一些暖色调，一方面是为了表现泥土的颜色，同时也是为了避免大面积的绿色过于单调。在处于画面前景的灌木部分加入少量的深绿和熟褐，形成比较暗的色调。

步骤四

用淡黄加天蓝调和，形成偏黄的浅绿色，并且用大号画笔涂染树叶。此时，色彩的含水量一定要多，要使色彩能够在纸面上流动、融合。在树叶整体轮廓的边缘部分应保留一些比较清晰的笔触，同时在叶丛中也要留出一些画纸的白色，用以表现透过树叶的天空。

步骤五

描绘春天的树叶应使用比较偏黄的绿色调。图中，树叶的色彩主要是用天蓝、淡黄与少量的群青等颜色调和的。树叶的形状特征基本上是用点状的笔触描绘，特别要注意笔触的疏密以及大小的分布和变化。大体上是：轮廓边缘部分笔触较小、明确而集中，中心部分笔触较大而且不是很清晰。因为中心部分的叶子总是更茂盛一些，大笔触会造成一种成片的感觉。使用小号的圆头画笔画树干和枝丫。树干的颜色是由群青、熟褐调和的。

步骤六

在画面的右侧有一个比较暗的色块，它是作为背景树木出现的。这块暗颜色与所衬托出来的亮树叶之间形成了明快的对比。这块暗颜色是用深绿加熟褐调和的。

步骤七

最后阶段要对画面进行整体的调整，在这幅作品中主要是增加了树叶细节，大部分笔触都是点状的。一幅作品越是接近完成越应小心处理好各部分的细节。在调整的过程中要突出主题部分，构图中要有松有紧、有强有弱，既要变化丰富又要整体统一。

3.2 夏

夏季的树木枝叶繁茂、色彩浓郁，由于树叶密度大，所以外轮廓比较清晰。色彩偏向于暗绿色调。绿色是一种变化十分丰富的色彩，从明度上说，由亮到暗可以形成极大的反差。以色相来看，从黄绿到蓝绿有着非常丰富的变化。在特定的环境下有些草木可能呈现明亮的黄绿色，如阳光下的嫩草、嫩叶；而有时候则是浓郁的褐色甚至黑色，如在阴霾的天气里或幽暗的阴影下。但是树木的色彩变化主要取决于画面色调的整体关系，在绘画中没有所谓绝对"真实"的色彩，只有相对的真实，而"真实"就是对色彩关系的准确把握。

步骤一

用铅笔起稿，概括地画出树木的基本形态以及远景山坡的轮廓。用很湿的土黄色薄涂于天空及远景部分。在这层底色仍旧湿润时，开始在上面涂第二遍颜色。用大号画笔将天蓝色与极少量的朱红色混合，用适当分离的笔触涂于天空部分。背景处的山坡是用天蓝色加熟赭调和的，局部加入少量的绿色。仍旧用大号画笔粗略画出山坡的色彩。此时，所有的用色都要保持较大的含水量。

步骤二

画面中前景的草地部分色彩很明亮，而且偏黄绿色调。用天蓝色加淡黄色调和出草地的颜色，然后用大号画笔迅速而概括地涂在画面上。请注意：当两三种颜料调和时，不必将颜色调得过于均匀，适当分离的颜色可以通过水的流动在画面上自然融合，这样的效果会更加生动。

步骤三

树叶的整体色调看上去比较暗，但是其中也包含着明显的颜色变化。用普蓝加中黄再加上熟褐可以调和出各种绿色，继而用含水量的多少来控制明暗变化。开始时，一定要用比较湿的颜色画，色调浅的地方可多用一些黄色，而色调很暗的地方则多用普蓝和熟褐。

步骤四

画完第一遍后，稍待片刻，当色彩仍保持湿润时开始画第二遍。此时要着重于树木的大致轮廓和结构，通过加强明暗变化使树木的轮廓逐渐地显现出来。要小心地处理好暗色调，因为暗颜色很容易画厚。一般来说，暗颜色最多画两遍，之后只能再画其中一些细节，绝不能大面积地重复涂染。

步骤五

接下来开始画树叶的细节，所谓细节就是更具体地刻画树叶的基本形状和大致的结构关系。要在颜色仍旧湿润的情况下，用更暗一些的颜色画树干和枝丫。对于前景的草地和背景的山坡也要做简单的描绘，笔触要流畅、概括。

步骤六

画面越接近完成越要谨慎思考，什么地方应深入刻画、什么地方该简练概括都要认真揣摩。在这个步骤中，树叶仍是主要的描绘对象。要尽量分出主次关系。树林中偏左边那两棵较高的杨树应作为主题来表现，因此要尽量在这里多刻画一些细节。

步骤七

用小号画笔通过细小的笔触表现更具体的树叶和枝丫，树丛中一些比较亮的枝干可以用
暗颜色衬托出来。保留这些亮颜色非常重要，它可以使色彩显得更加丰富和生动。

3.3 秋

人们喜欢用"金色"描述秋天，而所谓金色主要是指秋季里的草木颜色。秋天的植物色彩总体感觉温暖而饱满——耀眼的黄色、炽热的红色以及浓重的褐色构成秋季的风景。即使是绿色此时也夹带着浓浓的暖意。画家们喜欢描绘秋日风光，主要是因为它的色彩比其他季节都丰富。暖色在本质上就是一种使人感觉强烈而积极的颜色，它不仅灿烂而且浑厚、成熟。深秋季节树叶开始凋谢，零零落落地在风中飘摆时，则另有一番画意。所谓"三秋树"却别具一种疏淡散朗之美。

步骤一

先用简约的线条勾画出小树林的基本轮廓以及远处的山坡。然后用土黄加少量的培恩灰画天空，此时色彩含水量要大并且要用大号画笔迅速涂满天空。待天空的颜色尚湿润时，仍用大号画笔一次画完远处的山坡。山坡的色彩是用朱红、钴蓝、中黄等色彩调和的。近景土地的色彩是用钴蓝加熟赭和少量的土黄调和的。

步骤二

这幅画的主要内容是构图中段的小树林。暖暖的色调显示出秋日的基本色彩特征。以土黄、中黄、熟赭、熟褐、深绿等色彩的调配来描绘树林。要根据色调的整体变化适当调整各种颜色的调和比例。每次调和色彩不要超过三种。

步骤三

本着"先湿后干""先整体后局部"的原则，尽量用大号画笔粗略地画出树林的基本色调和树叶的大致外观。然后用较小号圆头画笔画出树林中隐约显现出来的枝条。

步骤四

画面的最下方是农作物收割完后露出的田垄。这里的色彩是用群青、熟褐调和的，中间夹杂着少量的绿色。用大号画笔蘸上很湿的颜色横向画出田垄，然后在笔触的下方画出一些更暗的色彩，以表现田垄的起伏效果。用深绿加熟褐画出土地与树林交界处浓郁的灌木，这些灌木的上方颜色很浅，而接近地面的部分色彩很暗。这种明暗变化可以由颜色中含水量的多少来控制。

步骤五

秋天也是落叶的季节，树叶会越来越稀疏。可以用大小不同的"点"来表现树叶。我的体会是：描绘树木的关键环节在于控制好这些"点"的大小、疏密、干湿的变化。而这种变化的规律是没有什么固定的标准和手法的。大致要做到以下两点：首先，这些"点"的大小、距离以及明暗的分布不能过于平均；其次，一般情况下，在树冠和树木的轮廓边缘"点"的痕迹比较清晰，而树丛的核心部分笔触较大、色彩含水量较多。

步骤六

总的来说，在描绘树叶的过程中，笔触宜从大到小、由湿及干、从浅到深。这样就可以比较有步骤、有秩序地使树叶的效果逐步深入和丰富起来。

步骤七

在近处的田垄间画出一些色斑，可以用左手握笔，将一支蘸好颜色的笔横向接近画面，然后用右手的食指或中指弹笔尖，这样就会在画面上形成一些弹洒上去的色斑，显得肌理更加丰富。田垄边上的灌木颜色较暗，在湿润的暗颜色上用笔杆末端刮划出一些线条，可以使灌木显得更加生动、真实。

3.4 冬

　　冬季草木枯萎树叶凋零，生机盎然的绿色不复存在，代之以灰蒙蒙的萧条气象。由于树叶凋谢只剩下干枯的枝条，因此冬季的树木更难画一些。没有了繁茂的树叶，树木的体积感自然不那么清晰了，这是难点之一。枝干横斜交错形态不明，这是难点之二。如果做到既能描绘出远近疏密的层次，又能概括地表现出枝干的细节，那是最理想的效果。

　　雪景是一种生动有趣的题材，自然万物在白雪覆盖下会出现奇异的效果。这样的效果能使画面产生生动的黑白节奏变化。

步骤一

雪天，阴霾的天空色调灰暗，由此更能衬托出白雪的明快。首先用铅笔简单地画出树木的轮廓以及房屋的形状和地平线的位置，然后用非常稀薄的熟赭将天空部分整体涂染一遍。待这层基础颜色尚湿润时，用大号画笔调和群青及培恩灰画出天空的阴云。要适当留出树干上的空白处，以利于后面进一步表现树干上的积雪。

步骤二

当背景的颜色仍保持湿润时开始画远景的树林，用树林的暗颜色衬托出树干以及画面左侧房顶上的白色积雪。树林的颜色是用深绿、培恩灰、熟褐及少量的土黄色调和的，要根据画面色彩明暗变化的需要，调配上述各种色彩的比例。最后，用毛笔蘸上清水沿树林与地面上白雪的交界处快速"扫"过，所产生的含蓄变化可以避免明暗交界处的对比过于生硬。

步骤三

趁着上一步骤色彩未干之际，用更加浓重一些的颜色画出树林的明暗变化，以突出树林的层次及结构效果。可以用群青加熟褐调出比较暗的颜色，然后用小号画笔沿背向积雪的一侧画枝干。

步骤四

用比较干的笔蘸少量颜色在树木的主要枝干间画出些许的树叶。干画时最好将笔横过来，用笔端的侧面"擦"出叶子的效果。在前景雪地上画出一些草棵或坑洼的痕迹，这样可以避免大面积白色所造成的单调感。

步骤五

最后，为了强调雪天效果可以使用一些特殊的技法，比如，用刀片刮出一些细小的线条
以表现积雪的枝丫。在笔头上蘸一些白颜色，然后用弹色的方法，在比较暗的树林间弹
洒一些白色，这些白色斑点会使雪中的树木显得更加真实生动。

4 其他景观写生练习

风景，是水彩画创作的重要内容，也是画家和设计师、建筑师们所青睐的绘画题材之一。风景是对自然风光、景物的概括说法，大自然万千景象无以历数，这里只就水、石、花木等几种常见内容的画法做一些简单介绍。

4.1 海滨

海水的色彩极其丰富，而且几乎时刻都在变化。写生前要认真观察海水的基本色调，尤其要仔细分析由远及近的色彩变化。

步骤一

在构图阶段，首先要考虑怎样安排海平线的位置，本构图中包含了海水及近景的礁石，因此海平线的位置在画面中相对较高。如果想重点表现天空，自然就要将海平线安排在画面较低的位置以凸显天空和海面的丰富变化。构图完成后，要仔细观察天空与海面在遥远的天际线上呈现出的明暗对比关系。在这幅画中，天际线部分的海面略微比天空暗一些，所以要先画天空。画天空时色彩一定要含水量很大，由上及下涂色至海平线部分。左上图中天空部分颜色是用钴蓝加少量培恩灰调和而成的。

步骤二

一定要趁天空颜色未干，甚至是很湿的时候立刻画海面。由于色彩的湿接使得海平线很含蓄，从而产生遥远的空间效果。要仔细观察海面由远及近的色彩变化，图中的海水色彩远处用了钴蓝加培恩灰和少量的浅绿，随着海面向近景延伸色彩则越来越暗，其中加进了群青、中黄等，使得色彩逐渐偏暗、偏绿。画至海浪边缘部分需用毛笔的侧锋快速而肯定地扫过，这样可以留下"飞白"以表现飞溅的浪花效果。

步骤三

沿礁石的轮廓画出近前的海水。在这幅作品中，近景的海水较之远景部分，色彩纯度要高。海面色彩基本上是由远及近、由灰变纯、由冷渐暖。

步骤四

这幅图中的礁石以暖色调为主。一般来说，海边的礁石分布没有规律，但写生时应根据构图需要有所取舍，大致做到主次有序、远近有别。近处的礁石相对结构清晰、色彩丰富；远处的礁石色彩纯度相对较低、结构含蓄。图中，近处的礁石是用朱红、熟褐、土黄及少许蓝色调和的。

步骤五

通常情况下，近处的水面会呈现出比较明显的波纹，随着海水向远处延伸表面的波纹逐
渐淡化。画波纹时尽量在底色未干的情况下落笔，如果底色已经干燥需要用喷雾水瓶把
画面喷湿，然后开始画水波。这样是为了使笔触不过于生硬，含蓄的笔触更能真实地表
现波纹的自然变化。最后，可以在浪花的边缘弹洒上一些白色斑点，使浪花显得更生动
真实。方法是：将蘸满白颜色的笔尖贴近画面，用中指轻弹笔尖使白色的斑点落在浪花
的周边。

4.2 溪涧

这里选择一个充满山石与草木的溪涧题材做画法分析。之所以选择这个内容，是因为构图中包含石头、草木、溪水等较常见的景物。

步骤一

溪涧中由远及近充满了大大小小的山石，起稿时要根据构图需要有所取舍。先从远景画起，用毛笔蘸清水把即将着色的画面部分涂湿，然后趁湿画出天空和山峦，湿画法产生的朦胧轮廓会呈现出一种深远的空间效果。

步骤二

同样用湿画的方法画出溪畔的灌木丛，并且利用草木的暗色调衬托出较亮的山石轮廓。草木的颜色是用淡黄、普兰、熟褐等色彩调和的。由于天光的作用，通常灌木丛整体看来上部轮廓比较亮，而接近根部则比较暗。

步骤三

一定要在画面比较湿的情况下画山脚下的树林及背景山丘，树林的色调比较暗，与浅绿色的灌木草丛及明亮的山石形成对比。此图中树林的颜色是用熟褐、深绿、土黄等色彩调和的。

步骤四

平静的水湾在天光映射下十分明亮，调色时含水量要多，涂层要稀薄，色彩需适当地变化。水面色彩使用了钴蓝及少量的茜红和浅绿色。

步骤五

水面的真实感更多是依靠树丛及石头的倒影来体现，由于有了这些倒影，水面具有明显的质感和生动的色彩对比。画倒影时要在边缘部分多使用横向的笔触，一定要在画面比较湿润的情况下画出一些波纹，以增强水面的真实性和流动感。

步骤六

中国画技法有云"石分三面"。所谓"三面"，从观察角度上来说，就是不能只看到石头的外部轮廓更应注意到它的体积特征。从绘画技法上来说就是通过明暗变化描绘出石头的不同侧面。同时，"三面"也有概括表现的意思，素描术语就是用"黑、白、灰"的概括手法描绘出石头的体积感。另外，在上述构图中，诸多的山石由远及近充满山间，因此还要处理好它们的空间透视关系。大体原则就是近处的石头要画得具体清晰，而远处的石头要画得简单概括。

步骤七

最后要对画面进行整体调整，一些局部形象需进行更具体的描绘，如上图中的林木枝叶。在对局部内容进行补充或深入刻画的过程中必须时刻把握画面的整体效果，切不可过分渲染，避免画面过于琐碎或反复着色造成色彩的堆积滞涩。

4.3 花木

这里选择了一丛迎春花进行步骤画法分析，选择这个内容是因为它代表了一种松散的结构样式，用水彩表现这样的结构样式难点在于：既要描绘出植物的局部特征，又要兼顾整体的形态效果。

步骤一

用铅笔简单地起稿后，着色前用板刷或喷雾水瓶将画面全部涂湿。这个步骤很重要，目的是在初步着色阶段不使色彩留下过于清晰的笔触，这种朦胧的色彩基调是描绘花丛整体形态效果的必要铺垫。左图中，花丛部分使用了中黄、淡黄等色彩，色彩的含水量很大为下一步描绘花朵等具体细节打下一个基础色调。在构图下方是枝条较多的部分，使用了熟褐与深绿等色彩，如果色彩过于偏黄绿色可以加少量的红色来降低它的纯度。

步骤二

在前一步骤基础上将朦胧的黄色基础色调分出大致的层次，如用构图左上角较暗的颜色衬托出前景的亮色；构图右下角较暗的颜色衬托出画面中间主体部分明亮的黄色。在构图的核心部分画出具体的类似花瓣状的笔触。在画暗色调部分时应留下一些类似花朵形状的亮色。这些形状要有聚有散、有大有小，如右下角部分。

步骤三

在前面步骤基础上开始画细节，主要是描绘出迎春花的具体特征。关键在于"点"的疏密、大小、深浅等笔触的分布关系。要领是：画面的主要部分笔触清晰且相对聚集；次要部分如远处及构图边缘部分则笔触疏散含蓄。枝条的组织同样要疏密有致、虚实配合。在较暗的部分可以用更暗的颜色"挤"出较亮的枝条以造成明暗相间的节奏。最后可以用覆盖性较好的白色调少量黄色点缀在较暗的背景色上，使局部呈现出更为生动的花瓣效果。

色调练习

一幅画应具有整体协调的色彩关系，这种整体的协调性我们称之为色调。作品的整体色调统领画面里所有的局部色彩变化。反过来说，构成画面的局部色彩都应为整体色调而设计。对于一件色彩作品而言，色调效果是第一位的，是大关系，是色彩构图的终点，是对于"势"的把握。套用一句中国古代画论的说法，"得势则随意经营，一隅皆是。失势则尽心收拾，满幅皆非"。如果一幅色彩作品的整体色调关系好，那么，局部色彩就很容易调整。如果整体的色彩关系混乱，局部颜色怎样修改也无济于事。

5.1 暖色调练习

通常，人们将红色、黄色等接近火焰的颜色称为暖色，而把蓝色、绿色等近似天光水色的颜色视为冷色，这种判断来源于人们感观的感受。但并不是如此绝对，色彩冷暖是一种相对关系。同样是红颜色或者黄颜色，朱红就要比玫瑰红感觉暖一些，而土黄就明显比柠檬黄感觉暖。如果用一组蓝色或绿色加以比较，也可以看出，湖蓝要比群青感觉暖，而橄榄绿一定会比翠绿要感觉暖一些。因此，一幅暖色调的画，绝不意味着只能使用红、黄等颜色。实际上，在一幅暖色调的作品中可以使用各种色相，关键是要形成各种色相间的暖色关系。

步骤一

这是一幅田间风景画。在画好铅笔稿的构图上，首先用很湿的土黄色薄涂于天空部分。待这层土黄的底色未干时，用大号画笔调和天蓝色和极少量的朱红色，以横向的宽阔笔触涂染于天空上，然后待其自然流动融合。当这一遍颜色稍干一些，画纸表面看上去没有水的反光了，就可以画远景的山丘。画山丘时仍然要用大号画笔，最好是用毛笔的侧锋横向画，这样可以形成宽阔的笔触。山丘的色彩是用熟赭加群青加少量朱红调和的。画面下方土地的色彩是由熟赭、钴蓝和少量土黄调和的。

步骤二

由于这幅画是以暖色为基调，所以最好
用比较暖的绿色画树叶以及树下的灌木
丛。构图中的树木颜色主要是用中黄、土
黄、熟褐以及深绿等颜色调和的。可以根
据树木的明暗变化，适当调整上述颜色的
调和比例，暗面要多一些熟褐及深绿。处
于远景的小房子，是用熟赭加少量朱红来
表现的。

步骤三

在这个步骤中仍沿用上述几种色彩，要
画出树木的基本结构关系，最好是在前
一步骤颜色没有完全干的时候开始画树干
和枝丫。树干的暗颜色是用熟褐与群青调
和的。

步骤四

继续深入描绘树叶，要注意到整棵树的明
暗关系，并通过明暗变化凸显树木的轮廓
和结构。在近景的地面上需留下一些明确
粗犷的笔触，以表现收割过后的土地。当
地面上那些比较暗的颜色仍旧湿润时，用
笔杆在上面划出一些痕迹，这样更有利于
表现土地的肌理。

步骤五

这幅画的基本色调是由天空、树木、土地、山丘等几块颜色构成的。为了形成一种整体上的暖色效果，天空是以天蓝色为主，树木是一种偏黄褐色的绿，而土地则是暖褐色调，远景的山丘呈现出灰紫色。这一切都是为了实现一种整体的暖色倾向。

5.2 冷色调练习

　　一幅画的色调效果既是客观景色的描述也反映了作者的主观意图，同一个时间、面对同一处景物，不同的人可能画出色调完全不同的画，这是很自然的事情。况且，每个人在画画时都有自己习惯的用色，即使历史上那些色彩大师也不例外。一幅画的色调效果从艺术效果上来说，没有对与错之分，只要自身是和谐的、合理的就是一件成功的作品。

　　以下用同样的构图进行冷色调练习，正如前面所强调的，一幅冷色调的画未必全都使用蓝、绿等颜色。要做到色彩丰富而生动，作品就要包含若干种色相。只不过这些不同的色相应该统一协调于冷色关系中。

步骤一

铅笔稿画好后，先在天空及背景部分涂上湿薄的土黄色。稍待片刻，以群青加少量朱红用大笔触横向涂于天空上。笔触要间隔开，并且由其自然流动，切不可反复涂抹。用群青加熟赭加少量的朱红画远景的山丘，这几种颜色的混合会产生淡淡的蓝紫色调。画面下方土地的颜色是用钴蓝与熟褐以及少量的熟赭调和的。

步骤二

用中黄、群青、深绿、大红等颜色配合画树叶及灌木。注意两点：一是用色含水量要多；二是要根据树叶的明暗变化调整上述几种颜色的调和比例。

步骤三

趁着上一步骤的颜色未干，以明暗变化的笔触，画出树叶的大体结构关系。同时用小号画笔画出树干和枝丫。用淡淡的大红色加少许蓝色画远景中的小房子。这里可以对比前一幅暖色调画面中小房子的颜色，在那里使用了朱红色，因为朱红要比大红显得暖一些。

步骤四

以较小的笔触点染出细小的叶子。用群青加熟褐加少量的土黄，深入表现前景的土地。最后用弹色的方法在地面上弹洒一些色斑，这样有助于表现收割后田间杂乱的质感。

步骤五

在这幅作品中，构图的主要色块都是围绕冷色调的整体效果安排的。同样是绿色，较之
前一幅暖色调的画面，这里的绿色更倾向于蓝绿。背景的山丘偏紫，而前景的土地也由
前一幅画中的暖色调改为比较冷的灰色调。

建筑写生练习

建筑作为一种绘画表现的题材，受到许多人的青睐。从绘画技法上说，建筑较之于风景有其容易掌握的一面也有其困难的一面。就其容易的方面来看：无论形态多么复杂的建筑，都具有一定的几何基础。因此，便于写生者清晰地观察和把握其形状、比例和结构。困难则在于，建筑往往具有比较复杂的构造关系和丰富的细节。写生时，既要体现建筑以及环境的整体艺术效果，又要恰当地表现出充分的细节。于是就需要掌握合理的绘画步骤与表现技巧。而且，由于建筑的形式普遍具有几何基础，所以，在绘画表现时一定要注意透视及比例关系的合理性。

6.1 建筑物基础画法（一）

水彩画表现建筑最基本的原则是：先画整体结构后画局部细节。整体表现在前，局部刻画在后。强调这一点是非常必要的，初学者往往过于关注建筑的细节而忽略整体的色彩以及结构效果。越是复杂的构图越要抓住主题、强调主题，不能面面俱到，更不可散乱无序。

步骤一

用铅笔起稿，起稿过程中重点要画出建筑的主体轮廓和重要的结构环节。要谨慎地观察分析，并正确把握好建筑、街道、行人以及车辆等画面内容的比例和透视关系。用简单的线条确定门窗的位置，无须过多地描绘门窗结构和建筑装饰等细节。

步骤二

用比较湿薄的颜色画出建筑与环境大体上的色彩关系。其中包括构图中所有的主要内容，建筑、天空、地面等都要以较快的速度铺染一遍。这时，颜色一定要湿且薄，只作为一种基础色来画，目的是为深入刻画预设一个整体的色彩框架。

步骤三

在基础色尚保持湿润时，以概括的手法大面积画出构图中主要的建筑和环境颜色。图中的主体建筑色彩是用朱红、中黄、熟赭等颜色调和的。构图两侧的建筑使用了土黄、熟褐、群青等颜色，用色很湿、很薄。在设计色彩的同时要特别注意画面整体的明暗关系。地面的颜色是由培恩灰加群青以及熟赭调和的。

步骤四

在这个步骤中，重点表现了主体建筑的固有色特征，同时突出地刻画了构图中的暗面及阴影的色彩。要强调的是，这一遍颜色基本上就是主题部分最后完成的色彩，以后的进展只不过是在整体色调基础上添加一些局部颜色，切不可再以大面积的色彩重复涂染。水彩颜料的一个重要艺术特征就在于它的透明性，色彩重复次数多了，颜料的透明度就没有了。

步骤五

门窗的描绘不宜过于一致，应当有主有
次、虚实结合，这样才能表现出一种生动
的空间和光线效果。远景以及构图中非主
题部分的建筑门窗不要过于刻意描绘，以
简练概括的笔触示意即可。

步骤六

进一步调整、刻画局部形象与结构，门窗
虽不能决定建筑的整体结构效果，却可以
充当画面的精华部分，尤其在以近距离建
筑为主题的构图当中。应当看到，在环境
光的折射下，窗户会产生多样的色彩及明
暗变化，这要尤为注意。

步骤七

构图中的车辆虽然处于前景的位置，但由于它们不是画面的主题内容，所以尽量采用简

练概括的手法处理。试想，如果将这些车辆刻画得过于精细，势必与建筑主题对立，从

而造成画面主题含混不清。

6.2 建筑物基础画法（二）

步骤一

这是希腊米克诺斯岛上的一处民居。白色的墙壁在阳光的照耀下分
外明亮，蓝色的门窗点缀其间显现出当地建筑独有的色彩魅力。
稿子起好后首先用清水将画纸涂湿，然后上很淡的土黄色，注意
留出白色的墙壁。

步骤二

用大号画笔涂染天空。这里使用了群青和少量的钴紫，门窗使用纯
天蓝色。门楣和阳台下以及白墙上的阴影部分受地面强烈反射光的
影响呈现出暖色调。地面上的阴影受蓝色天光的影响成冷色调，一
定要在冷色很湿的时候调入一些淡淡的暖色，以便使阴影色彩不至
过于单调。

步骤三

在即将画树叶的地方随意地涂抹一些清水，不要涂得很匀。用大
号画笔画树叶，当颜料遇到有水的部分就会自然晕开，干燥的地
方会形成比较清晰的笔触。用小号画笔在轮廓边缘小心地点画一
些笔触，用以表现树叶的形态。

用比较浅的暖色画树干，颜色未干时用较深的色彩画树干上的阴影。

步骤四

最后画门窗上的结构细节。注意，阳光照到的部分结构清晰，阴
影内结构含蓄。地面上的铺石也是同样的处理办法，被阳光照到
的地方花纹结构清晰，而阴影以内的部分一定要含蓄。

6.3 建筑物基础画法（三）

步骤一

中国古典建筑以其独有的风格形态和构造特征为世人所瞩目。这里选择了颐和园中的楼阁建筑"画中游"进行画法步骤分解讲述。该建筑的特征之一就是视觉所及之处是复杂的结构和外部装饰，起稿时要准确地画出建筑物的基本形态和主要的结构部分，如变化微妙的挑檐、柱廊、栏杆等。尤其要认真审视建筑物各部分的比例以及透视关系。

步骤二

从天空开始涂颜色，先用清水将纸面涂湿，然后自上而下渲染天空。上部颜色较暗且偏冷，下部颜色较亮偏暖。冷颜色是用钴蓝加少量红色调和的，较暖的色彩部分加入了朱红和中黄。色彩的含水量须多一些，要稀薄。

步骤三

楼阁顶部是黄绿相间的琉璃瓦，但不能单纯地使用黄色和绿色涂染，以避免色彩过于生涩。同样，红色的廊柱等结构部分也不能单纯用红色画，在日光和空气的作用下任何色彩都不会呈现出单纯的原色。

步骤四

古建的檐下部分结构非常复杂，而屋檐下通常也是最暗的部分，因此这里不必画得很清晰。左侧的小亭子虽然位置靠前，但由于它不是画面的主题，所以要画得概括、含蓄，以突出主体建筑部分。

步骤五

虽然有一段回廊处于构图中近景的位置，但由于它不是画面的主题而且部分地处于阴影中，因此不宜描绘过多的细节，弱化近景的目的依然是为了凸显主体建筑。与之相对的是主体楼阁局部的深入刻画，如多层次的廊柱、栏杆和表面装饰等细节。

步骤六

围拢在构图上方的树叶形成较暗的色调，这些叶子的颜色是由普蓝、深红、熟褐等色彩调和的。在画树叶之前先要用清水把纸面涂湿，这样能够使笔触产生多变的效果。要先画树叶并且在颜色湿润的情况下开始画树枝。

步骤七

由于特定的光线原因，此图近景部分光影比较斑驳。根据一般视觉规律，处于受光环境下的物体形态比较清晰易辨而阴影里面则模糊含蓄，因此画面近景中的回廊部分虚实变化很明显，这种变化增强了造型和色彩的空间感和生动性。回廊及楼阁中阴影部分的暗色调是用普蓝、凡戴克棕、深红等色彩调和的。

6.4 光与影

　　光赋予建筑生动的形象，光是变化的、流动的，它为建筑塑形，同时给凝固的形式带来生机与活力。光与影的表现是水彩画的材料特长，因为水彩画本身具有清晰透明的物理特质。

步骤一

铅笔稿画好后，用湿且薄的颜色将画面中的基本颜色关系先薄涂一遍。作为背景的树木一定要画得很含蓄，切不可急于描画建筑的细部。

步骤二

确定建筑受光面的基本色调，用大号画笔果断地将颜色画上去。这是一幢暖色调的砖房，受光部分的色彩是用熟赭、中黄以及少量的朱红调和的。注意，画受光面时，色彩一定要薄，这样才能使白纸透过颜色释出光泽。树丛的颜色是由中黄、天蓝、钴蓝、熟褐等颜色调和的，要根据色调的明暗变化，随时改变各种色彩的调和比例。

步骤三

待前一步骤所画建筑亮面的颜色基本干后，开始画阴影。需要强调的是，任何时候阴影都是有颜色的，而且是有变化的。这种变化包括色彩变化、明暗变化以及虚实变化。将阴影理解为黑暗、单调的色彩是错误的。因为阴影当中也充满各种折射光，阴影中的颜色变化有时甚至比受光部分还要丰富。这里的阴影色彩是用中黄、朱红、群青等色彩调和的，虽是阴影也要保持很高的透明度。

步骤四

墙面上分布着斑驳的树影，画这些影子时要注意以下几点：一是用笔要果断、肯定，不能反复涂抹；二是要强调颜色的变化，色彩不能过于单调；三是笔触的方向尽量一致，如果笔触过于纷乱会形成有体积感的倾向，而阴影只不过是附在墙体平面上的颜色，它本身并没有体积变化。

步骤五

画树木的枝干时要强调色彩的变化，最好先用比较湿且浅的颜色画第一遍，然后趁颜色未干时，根据对象的色彩变化用稍微浓重一些的颜色对某些局部加以刻画。这样，既能够表现枝干的结构又可以体现光线的效果。

步骤六

门窗往往给单调的墙面带来变化，现在可以聚精会神地画它们了。请注意，精心绘制决不意味着刻意、呆板，试图准确画出每一根窗棂、每一块玻璃是完全错误的，重要的是抓住门窗在特定光线下的基本形式特征。

步骤七

最后需将背景上的树丛以及画面下方的地面、草棵等环境进行深入的描绘与调整。地面
上的阴影使用了偏冷的颜色，在晴朗的天气里，地面上的阴影会受到来自蓝色天光的强
烈影响，所以阴影往往呈冷色。

6.5 室内

　　建筑的室内光线环境与室外光线环境是不同的，在自然光条件下，由窗户射入室内的光线除阳光外一般比较偏冷，因为室外光多为天光。因此，室内物体的受光部分多呈冷色调，而背光部分或阴影部分多呈暖色调。当然这种简单的概括并不是绝对的，绘画中的任何归纳性的经验都是相对的，只有变化是绝对的。

步骤一

先用铅笔起稿，要注意建筑各个部分的基本透视关系。然后，以最快的速度将色彩铺满整个画面，目的是抓住对整体环境的第一视觉感受。这个过程要求用色要很湿，而且不宜太厚，此步骤只不过是一种预设的颜色，为进一步深入描绘打下一个色彩基础。

步骤二

在这个步骤里，首先对构图中的主题部分进行深入细致的表现。在重要的结构关系处，突出地表现它们的形状以及轮廓。主要的暗色调部分使用了偏暖的色彩。

步骤三

以简单概括的笔触画出室内主要的建筑结构，如柱子、拱廊、石栏等。对于各个部分的透视关系只求大致合理即可，无须刻意追求精准。

步骤四

精致刻画主题部分，通过明暗对比和阴影的表现来强化构图核心部分的光感。用大号画笔快速渲染地面上的阴影，待颜色未干时，用干净的毛笔在阴影部分吸去一些颜色，所形成的白色可以生动地表现反光效果。

步骤五

最后的调整阶段应视画面效果的需要，强调或减弱某些内容。大致原则是：围绕构图核

心内容加以深入刻画，非主题部分及远景空间要画得简约概括。

6.6 远景

　　当我们登高眺望一座城市的时候，层层叠叠的建筑、街道、树木尽收眼底，如此景象在绘画构图中是常见的。在描绘这种大场景的时候，重要的是空间表现。一般来说，色彩的空间透视呈现以下规律：暖色、纯色比较积极，适宜表现近景，而冷色与纯度低的颜色则比较消极，适于表现远景。另外，在表现广阔的纵深空间时，素描关系也是至关重要的，所谓素描关系是指：距离越远的物体轮廓越模糊、含蓄，相反，距离越近的物体轮廓越明确、结构越清晰。简单地说：在描绘深度空间的景物时，远处的景物要画得含蓄、概括，色彩纯度要低。而近处的景物要画得具体、丰富，相对于远处的物体，色彩纯度要高。

步骤一

面对比较复杂的画面内容一定要进行适当的归纳，在这个构图中，由近及远充满着错落的房屋和街道。起稿时不要面面俱到，一定要将看似杂乱的内容进行必要的归纳、分组。可以把画面内容分为近景、中景和远景三部分来判断。还可以利用街道、屋面、树木等形象，组织出潜在的整体线条变化趋势。

步骤二

根据色彩空间透视的规律，近景中的物体色彩鲜明、纯度高，而且轮廓清晰明确。远景中的物体，色彩纯度低，形象模糊含蓄。在这幅作品中，近景的屋面颜色是由朱红、中黄、熟赭等色彩调和的，局部加入了少量的蓝色。

可以尝试先画近景的屋面，根据近景的色彩效果决定中景以及远景的色彩关系。在这个步骤中，强调了屋面的局部结构，不仅色彩纯度高而且素描关系清晰。

步骤四

画完近景的屋面后，要适当减弱色彩的纯度画中景部分的房子。当需要降低某种色彩的纯度时，最好的方法是加入它的补色。这幅画中的屋面基本上是暖色的，要降低它的纯度可以加入适当的冷色。例如，要降低橙红色的纯度，可以在其中加入少量的蓝色。在这幅作品里，中景部分的屋面是由熟赭、中黄、群青等色彩调和的。

步骤五

远处的景物色彩纯度要低，明暗对比要弱。很远的地方耸立着一座双塔教堂，不仅色彩纯度低而且形体关系几乎不见了。在天际间，建筑与天空仅仅留有一点微弱的色调变化，因而显得空间深度很远。从整体构图来看，近处色彩纯度高、明暗对比强、细节丰富，远处色彩纯度低、明暗对比弱、细节模糊含蓄。

作品分析

7.1　分析指要

　　总的来说，水彩画创作在技法方面具有一定的规律性，因为材料所固有的特性对于任何作者来说都是一样的。水彩材料的透明性、流动性决定了它与其他画材的不同，任何技法都只能建立在这种材料特性的基础上。不同的是，每个人都可以结合自己的兴趣创造性地发挥和使用这种材料，每个人都有自己的审美趣味和艺术个性。从这个角度上来说，水彩画又没有固定的或绝对的技法标准，这也是它的魅力所在。可以说，技法都是个人经验的总结，学习别人的经验对于初学者来说是一个入门的途径，但是这些经验绝不等于普遍原则。

7.2　分析示例

　　以下是作者本人的一些水彩作品，为了使初学者能够更实际地了解一些创作技巧，将根据这些作品作进一步的技法分析。

○ 摄影师｜55cm×75cm

在这幅作品中选择了一些与摄影活动相关的物品：照相机、摄影包和摄影背心等。构图中突出了摄影背心的位置，使其形成画面主题。并围绕它的固有色，设计整个画面的基本色调。画面中的摄影背心具有非常随意的形态特点，没有固定的形状，而且质地松软。照相机则形态明确、质地坚硬且具有光洁的外表。这两件物体的材质对比可以通过水彩画的处理技巧得以发挥。

照相机的机身与镜头显得光洁明亮，用强烈的色彩明暗对比可以达到这样的效果。用笔要果断，适当的地方应保留清晰的笔触。

葵花的结构看似简单，要表现得准确也并非容易。首先要注意到表面结构的形成规律，同时还要处理好在光线作用下的体积效果。从局部图中可以看到：葵花的左侧为背光部分，因此结构含蓄、明暗对比很弱；而右侧的受光部分则保持着清晰的结构关系和强烈的明暗对比。另外，葵花表面的顶部最亮，越往下越暗，形成了中间凸起的曲面效果。

图中的玻璃杯，其本身没有任何固有颜色。要表现这种高度的透明效果，一是要注意留有适当的"高光"。二是要强调局部显现出来的清晰的明暗对比。同时应当注意：玻璃杯的大部分颜色与其背景色彩是一致的。

作品中选择了两个干枯的葵花作为主题，并配合以陶瓷瓶和玻璃杯。透明的玻璃杯基本上没有它自己的固有色，因此在画面中不占有任何视觉上的"重量"。然而，它那晶莹的材质感却可以与干枯的葵花形成对比。在作品中追求一种朴素的色调关系，色彩纯度比较低，以偏黄与偏紫的两种主要色相形成互补。背景和桌面使用了白色的衬布，以减少固有色的变化，从而达到简约单纯的整体色彩效果。

○ **有葵花的静物** | 75cm × 55cm

○ 古罗马遗址——杰拉什 | 75cm×55cm

这是位于约旦境内的古罗马遗址杰拉什。雨后乌云渐渐散去，天空射出强烈的白光，逆光下遗址的残桓形成很暗的剪影，坑洼不平的地面上留下了一些积水。

画面由上至下形成带状黑白相间的构图。以拱门为构图中心的区域黑白对比最强烈，积水的反光与灰色的地面构成节奏鲜明的明暗变化。这是一个形式感很强的构图。

这是积水与倒影的局部图，明暗相间的有序变化形成清晰的节奏美感。首先画出灰色的地面，运笔要果断，快速运笔时会自然留下一些"飞白"。注意要准确地空出积水的反光部分。最后用较暗的颜色画出建筑及人物的倒影。

首先以很湿的颜色画出天空以及背景上的树丛，当背景色彩仍然湿润时，用比较淡的颜色画干枯的树叶，接下来开始画树干和枝丫。待颜色稍干后，以较深的色彩画出枝干间的明暗变化。当色彩完全干燥后，将画笔上的水分用布擦干，然后蘸颜色"干擦"在树叶的表面，这样做的效果能使叶子感觉更真实生动。最后，用刀片沿部分枝干的上方刮出一些白线以表现积雪。

○ **冬日小景** | 36.5cm × 47.5cm

皑皑白雪和萧条的植物或许是冬季最明显的自然特征了，这幅作品表现的是北京颐和园内的一处雪后小景。整幅画面以冷色调为主，只有在垂花门上显现出一些红色，正是这少许的红色活跃了画面的色调。最远处的树丛作为背景画得非常含蓄，中景的树木枝条暴露树叶干枯，从水彩画技巧上来说这里也许是最难表现的部分。地面上的积雪基本上是画纸本身的白色，其间只有少量的色彩。

在强烈的日光照射下，墙体上的雕塑呈现出斑驳耀眼的光影效果。在这个特定的光线条件下，背光面和阴影受到天光的影响通常会呈现出较冷的色调，而那些方向朝下的面会受到来自阳光照射在地面上的强烈反光，从而倾向于暖色。

○ **里斯本热罗尼姆斯修道院** | 56cm × 75cm

湛蓝的天空、布满雕刻的白色大理石墙面、走到热罗尼姆斯修道院跟前，感到整个建筑在强烈的日光下熠熠生辉。

天空的色彩纯度很高，但它的明度却很低，阳光照耀下的白色建筑在蓝色天空映衬下显得格外明亮。构图由下及上，结构细节从清晰到含蓄表达出一种明确的空间感。

与《阿布辛贝的阳光》相比，这幅画同样表现了强烈的阳光效果，但却以冷色调为主。在作品《阿布辛贝的阳光》中，石灰岩的固有色偏黄，在强烈的阳光照耀下反射暖色。当这种反射光作用于物体的背光面或阴影时，呈现出温暖的色彩。而这幅作品中的建筑物是白色的，相互之间也没有近距离的色彩反射关系。画面中的阴影部分以及物体背光面的色彩，其形成主要来自天光的影响，天空是蓝色的，所以阴影和物体的背光面以冷色调为主。蓝色的天空、白色的建筑、蓝灰色的阴影，所有这些因素构成了整体画面的冷色调。

在蓝色天光影响下，建筑物的背光面、墙面与地面上阴影等都呈现为一种蓝灰色调。

○ **巴黎街景** │ 46cm × 35cm

○ 故宫——钦安殿 | 47.5cm×36.5cm

这幅作品呈现一种光影交织明快斑斓的效果，很重要的一个原因在于水彩颜料的透明特性。由于这种特性，白色的画纸可以透过颜料而释放出光泽，这是水彩画所具有的优越性。如果在绘画过程中将颜色涂得过于浓厚，或是涂色次数过多，就会将白纸的光泽遮蔽掉，其材料特征就无法体现了。画阴影时，一定要使色彩保持高度的透明性，万万不可画厚，只有这样才能使阴影具有光感和空间感。比较暗的颜色区域最好是一遍画完。之后，可以在其间增画一些小的局部变化，画暗颜色不能超过两遍。一旦白纸的光泽被厚重的颜色所遮蔽，颜料就会显得非常焦枯滞涩，那就是水彩画的失败。

以上局部图所显示的要点是：房檐下面的阴影色彩与树干和石栏上的阴影颜色有很大的差别。原因在于：突出的房檐遮挡了天光，房檐下面的阴影色彩主要取决于建筑物的固有色和地面反射光的影响，因此基本上是暖颜色的。而树干和石栏的固有色是白的，附在其上的阴影色彩基本来自天光的影响，因此以冷色为主。

要用简练概括的笔触画远景，以简单的明暗对比和基本的几何形式描绘远景的城市，无须表现任何建筑的细节。

置身于撒哈拉沙漠的边缘，你会感觉到好像被那无垠的天地所吞噬。翻滚流动的云朵，在大地上留下漂移不定的巨大阴影。阳光时而穿透云层的间隙照亮远处的城市，天地就像一个光线瞬息变化的巨大舞台，将画面横向分割成三部分：天、地和远景的城市。天空云层密布色彩深邃浓郁。地上流动着巨大的云影，只有远处的城市被一缕阳光照亮。

○ **远眺开罗** | 47cm×36cm

水彩画作品欣赏

以下是在教学实践中以及外出旅行时写生和创作的一些水彩作品，在此书中给出以供初学者借鉴欣赏。配合本教材所涉及的一些章节，作品大致包括了静物、建筑、风景等内容。读者可以将以下作品对照前面的有关章节，领悟水彩画技法在实际创作中的应用情况及其表现效果。

○ 白色静物 │ 47cm×36cm

○ 花卉 | 33cm×48cm

○ 印花布 | 47cm×36cm

○ 溪水青竹 | 56cm × 76cm

○ 湘西小镇 | 47cm×36.5cm

○ 杜巴广场 | 76cm×56cm

○ 故宫集福门 | 47.5cm × 36.5cm

○ 金山岭长城 | 47cm × 36.5cm

皇城故道 | 47.5cm×36.5cm

城市风景 | 47cm×36.5cm

○ 哥本哈根 | 55cm × 38cm

○ 巴黎圣母院 ｜ 36cm×47cm

○ 青岛街景——伏龙路 ｜44cm×33cm

○ 青岛街景——龙口路 ｜48cm×33cm

○ 青岛街景——小巷 | 33cm×48cm

○ 卢浮宫 | 47cm×36cm

St. Peter's Cathedral
Zhou Hongzhi 2007

○ 巴黎圣母院 | 36cm×47cm

○ 蒙特卡罗 | 47cm×36cm

○ 风浪｜45cm×33cm

○ 匈牙利小城——赛格德 | 75cm×55cm

○ 瑞士田野城堡 | 47cm×36cm

○ 法国金色田野 │ 47cm × 36cm

○ 海滨 | 47cm × 36cm

○ 加勒比海 | 75cm × 55cm

○ 古桥 | 76cm×56cm

○ 加德满都街景1 | 56cm×76cm

○ 加德满都街景2 │ 56cm × 76cm

○ 佛罗伦萨的观光马车 | 47cm×36cm

○ 米兰大教堂 │ 36cm×47cm

○ 圣·马可广场1 | 35cm × 26cm

○ 圣·马可广场2 | 36cm×47cm

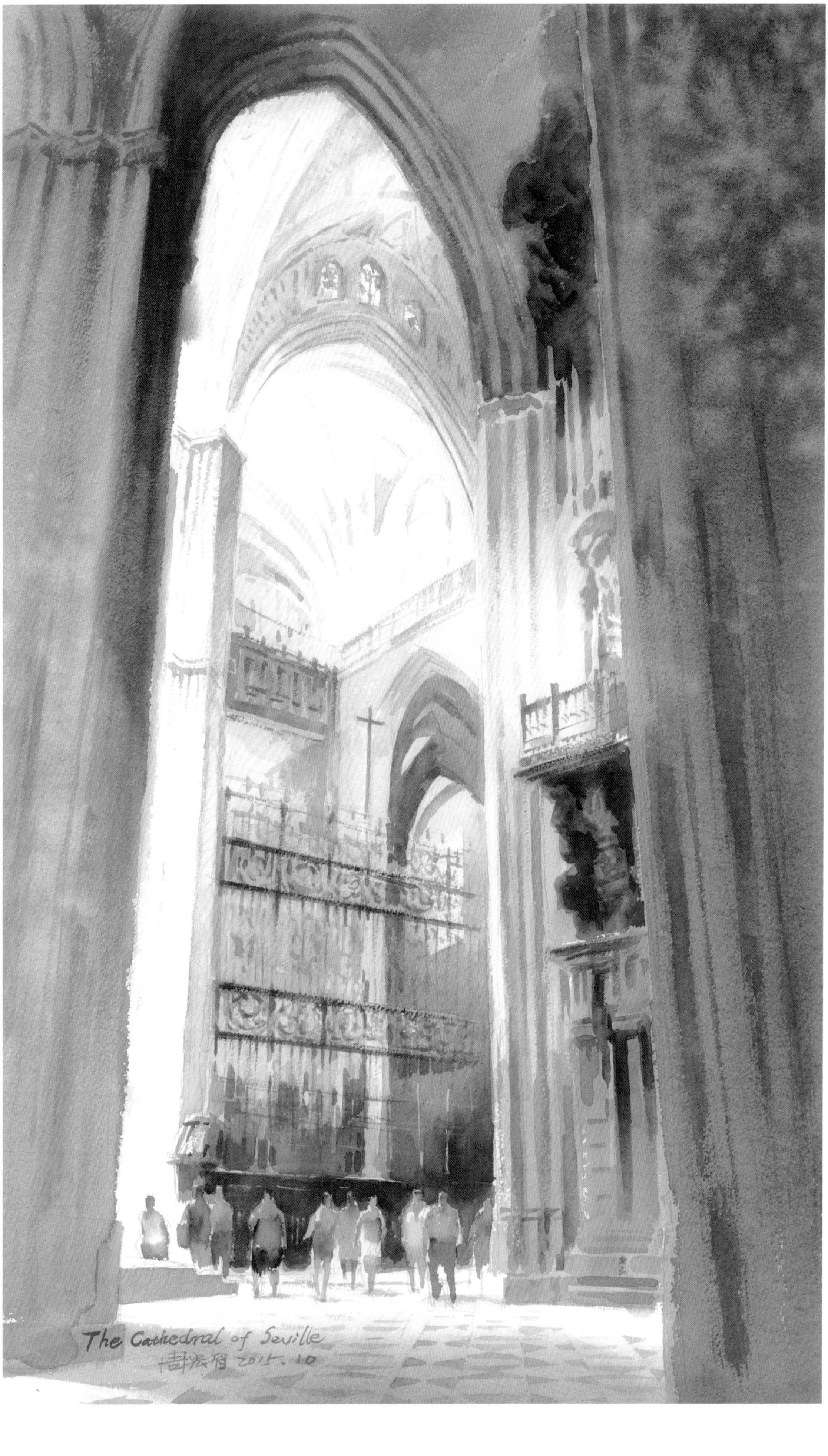
The Cathedral of Seville

○ 塞维利亚大教堂 | 50cm × 75cm

○ 长廊 │ 76cm×56cm

○ 鼓楼西大街 | 75cm×55cm

○ 圆明园雪景 | 76cm×56cm

○ 钟楼 | 75cm × 55cm

○ 绿树红墙 | 55cm × 75cm

○ 故宫钦安殿 | 75cm × 55cm

○ 古城南浔 | 75cm × 55cm

○ 水乡甪直 | 75cm × 55cm

○ 婺源民居 | 56cm×76cm

○ 近春园 | 76cm × 56cm

○ 江南春早 | 75cm × 55cm

○ 卢布尔雅那 | 75cm × 55cm

○ 尼罗河上的帆船 | 47cm × 36cm

○ 仰口渔港 | 48cm × 33cm

塞戈维亚大教堂

周䒕智 2015.8

○ 塞戈维亚大教堂 | 55cm × 75cm

◎ 太和殿

太和殿是一幢比较难画的建筑,主要是它庄严对称的构图看上去变化很少。为了避免建筑立面的呆板,这幅画采用了从建筑物侧前方望过去的角度,形成比较明确的对角线构图。

灰色的天空、积雪、栏杆、屋宇下的阴影、黯淡的红墙,所有这些色彩元素构成了画面黑、白、灰有序的节奏变化。这幅画色彩纯度很低,灰色基调表现出雪天的阴霾气氛。当颜色未干时可以在表面少量地撒上一些食盐,以表现空中飘散的雪花。

◎ 狮子林——修竹阁

早春二月来到苏州的狮子林。天上下着蒙蒙细雨,显得园中景致温润清新。修竹阁座落在一池春水边,背景是茂密的树林,前面一丛嫩绿的灌木遮挡住建筑的一角。

潮湿的空气使远景的树林更加朦胧,衬托出建筑清晰的轮廓。前面的灌木丛色彩鲜嫩青葱,是整个画面中纯度最高的颜色。修竹阁在构图的中心也是作品的主题。由近及远,色彩的纯度越来越灰,从而通过色彩的纯度变化造成真切的空间透视效果。

◎ 碧云寺石牌坊

白色的建筑和石狮在烈日照射下十分耀眼,背景以及构图右侧松柏的暗绿色与建筑和石狮形成强烈的明暗对比。建筑物上的阴影部分受天光的影响呈现出偏冷的色彩。地面上的反光使得石牌坊的檐下以及阴影中浸入微弱的暖色。

这里要特别提示一下阴影的画法,首先用偏冷的颜色画阴影,一定要趁底色很湿的时候加入适当的暖色,使冷暖颜色在水的作用下自然融合。

◎ 巴塞罗那街景

作品表现了一个晨曦中的街景,构图的中部是被阳光照亮的部分,两侧处在大面积的阴影之中,这样就形成了整体性很强的明暗对比效果。在色彩处理上采用了补色对比的手法:阳光照耀的部分以橙黄色为主,而阴影部分则使用了大面积的紫色调。这种整体性的明暗布局和补色对比造成了强烈而和谐的视觉效果。

◎ 罗马——城市一隅

如果我们细心观察,很可能在那些看似平凡的生活环境中随时随地发现美的事物。这幅画描绘了罗马城的一处路边小景。一个物体或是一个场所,可能给人们带来某种美感,其根本原因在于它们的形式关系,而不在其内容。所谓形式关系是指形状、线条、色彩、明暗、肌理等形式要素之间的关系。画面中的一段旧墙和两个小门,看似普通但却包含着丰富的形式变化——剥落的墙

皮、破损的窗花、零乱的电线和那歪歪斜斜的壁灯,这些事物对于那些只知道看重内容的人来说,不仅不美,甚至感觉陈旧破烂、令人生厌。如果从形式关系上去看,正是这种不规则和不整洁的东西,变换成丰富的色彩和生动的线条。因此,真正的艺术家从来都是透过事物的表面去领略和发现形式关系与形式美的。

◎ 塞纳河

阴天的巴黎,塞纳河两岸的建筑灰蒙蒙的,天空漂浮着大片乌云。白色的日光时而穿透云层照在河面和桥身上,时而照在岸边的建筑上,形成明亮的灰白色。整个气氛感觉是一种冷灰色调,物体间虽有明暗变化却感觉很温和。岸边的建筑由近及远,由暗变亮,近景的大桥桥身很明快而桥洞则很幽暗,因此形成画面中明暗对比最强烈的地方。天空的色调比较柔和,可采用湿画法——先用清水将天空部分刷湿然后迅速地涂上颜色,并让其自然地变化。画水面时,先用一种近似河水的颜色将河流整体涂染一遍,待颜色干了再用较暗的色彩表现水中的暗影,此时要使用毛笔的侧锋;用干笔蘸颜料快速地扫过画纸,这样会留下一些斑驳的白色,看起来恰似粼粼闪烁的水波。

◎ 米兰Emanuele长廊

这是位于米兰市的一个著名的商业长廊,置身于这个商业走廊中,四周尽是琳琅满目的橱窗,地面上还铺满了五颜六色的磨光石块。强烈的阳光透过天顶的玻璃照射在地面上,愈发显得缤纷华丽。在这幅画中建筑是主题,而橱窗更是建筑中最耀眼的部分。橱窗内的各色商品在灯光的映衬下显得格外明亮,这种明亮的效果是通过强烈的明暗对比和比较鲜艳的色块分布所形成的。由于画面其他部分再没有如此对比强烈的色彩,因而这里就成为了视觉的核心部分,形成画面的主题。

◎ 埃菲尔铁塔

这是站在埃菲尔铁塔下仰望塔顶时产生的构图效果。这里最大的形式特征就是那些纵横交错难以计数的钢铁框架,当阳光局部地照射在钢架上,更强化了它那复杂的视觉感受。面对这种繁缛的线条结构,一定要用简单而概括的方法表现出它的基本特征。在这幅画中,大致用3个步骤完成了钢架的表现效果:第一步,用一种中等明度的颜色将塔身涂染一遍,注意留出被阳光照射的白色部分。第二步,在颜色未干时,用笔杆的末端或是其他适合的工具按照框架的基本结构刮擦出一些线条,于是就产生了新的层次。第三步,使用比较暗的色彩局部地描绘出菱形色块,以表现最深层的效果。第四步,再用干湿结合的笔触表现塔身的其他部分。

Barcelona 雷城省 2015.9

17

Lido

周尚智 2007

周宏智2007

狮子林——修竹阁 | 75cm×55cm

拙政园
周刚桷 2013

The Galleria Vittorio Emanuele
Zhou Hongzhi 200

太和殿 | 75cm × 55cm

埃菲尔铁塔 | 47cm × 36cm